AF453800

LA BETTERAVE

ET

LA LÉGISLATION DES SUCRES

ŒUVRES COMPLÈTES

DE M. G. VILLE

ONZE VOLUMES

RECHERCHES EXPÉRIMENTALES SUR LA VÉGÉTATION. . . . . . 1 vol.
LA PRODUCTION VÉGÉTALE ET LES ENGRAIS CHIMIQUES. . . . 1 vol.
L'ÉCOLE DES ENGRAIS CHIMIQUES. . . . . 1 vol.
LES ENTRETIENS DONNÉS AU CHAMP D'EXPÉRIENCES DE VIN-
CENNES :
LES PRINCIPES . . . . 1 vol.
LES CULTURES SPÉCIALES . . . . 1 vol.
LES ENGRAIS CHIMIQUES, LE FUMIER ET LE BÉTAIL. . . . . 1 vol.
LES ENGRAIS CHIMIQUES, CONFÉRENCES DE BRUXELLES. . . . 1 vol.
LE PROPRIÉTAIRE DEVANT SA FERME DÉLAISSÉE . . . . 1 vol.
CONFÉRENCES DIVERSES . . . . 1 vol.
MÉMOIRES ET MÉLANGES. . . . . 1 vol.
ENQUÊTE SUR L'EMPLOI DES ENGRAIS CHIMIQUES. . . . . . . 1 vol.

EN VENTE :

LA PRODUCTION VÉGÉTALE et les ENGRAIS CHIMIQUES, plus
    connu sous le titre de GRANDES CONFÉRENCES DE VIN-
    CENNES. 1 vol. grand In-8 avec planches. . . . . 8 »
L'ÉCOLE DES ENGRAIS CHIMIQUES. . . . . 1 »
LES ENGRAIS CHIMIQUES :
ENTRETIENS DONNÉS AU CHAMP D'EXPÉRIENCES DE VINCENNES :
LES PRINCIPES, 1 vol 3 50
LES CULTURES SPÉCIALES. 1 vol 3 50
LES ENGRAIS CHIMIQUES, LE FUMIER ET LE BÉTAIL. 1 vol. . . 3 50
LES CONFÉRENCES DE BRUXELLES. 1 vol . . . . 2 »
LE PROPRIÉTAIRE DEVANT SA FERME DÉLAISSÉE . . . . 2 »

LA BETTERAVE

ET

LA LÉGISLATION DES SUCRES

CONFÉRENCE FAITE A ARRAS

Le 30 mai 1868

A LA DEMANDE DE LA SOCIÉTÉ D'AGRICULTURE

PAR

M. GEORGES VILLE

EN VENTE

LIBRAIRIE AGRICOLE	LIBRAIRIE G. MASSON
26, RUE JACOB	120, BOULEVARD SAINT-GERMAIN
LA NOUVELLE REVUE	LUDOVIC BASCHET
18, BOULEVARD MONTMARTRE	12, RUE DE L'ABBAYE

PARIS

LA BETTERAVE

ET

LA LÉGISLATION DES SUCRES

Messieurs,

Tous les agriculteurs sont d'accord sur un point. — La nécessité du fumier. Sans fumier, la terre s'épuise. Un peu plus tôt, un peu plus tard, le résultat est inévitable. Avec du fumier, la terre épuisée retrouve sa fertilité perdue. Pas de doute donc, le fumier est la source des récoltes. Sans son secours, il n'y a pas de succès durable, pas de profits soutenus.

Un second point sur lequel on est encore unanime, c'est la pénurie du fumier; on n'en produit jamais assez. Même lorsque la ferme a pour annexe une sucrerie ou une distillerie, on n'a pas assez de fumier pour obtenir de grands rendements.

D'un autre côté, nos marchés sont ouverts à

l'étranger, nous sommes appelés à lutter avec le monde entier, et dès lors, dans l'obligation, pour résister à la concurrence, de pousser les rendements de toutes nos cultures à leur limite la plus élevée. Comment sortir de cette situation en apparence sans issue? — La science va nous l'apprendre.

Supposez, Messieurs, à titre de simple hypothèse, que la chimie ait réussi à découvrir au sein du fumier les agents qui en constituent la partie active, qui sont, à son égard, ce qu'est la quinine par rapport au quinquina, ce qu'est le métal relativement au minerai. Supposez encore que l'industrie puisse livrer ces agents à des prix inférieurs au fumier, et qu'il existe dans la nature des gisements inépuisables de ces agents. N'est-il pas évident qu'alors les anciens systèmes de culture, dans lesquels on n'emploie que du fumier, devront se transformer en d'autres systèmes fondés sur une importation permanente d'engrais?

Avec ces nouveaux agents on acquiert une liberté d'action à peu près sans limites; il ne peut plus être question d'améliorations lentes et progressives, mais immédiates, soudaines et incomparablement plus économiques.

Lorsque l'agriculture, fidèle aux traditions du passé, s'impose l'obligation de produire elle-même ses engrais, à raison d'une tête de gros bétail par hectare, il lui faut une avance de 800 fr. au moins; 5 à 600 fr. pour le prix du bétail, et 2 à 300 fr. pour les constructions qui l'abritent, lui et sa nourriture.

Remarquez qu'on doit alors affecter la moitié des terres à la prairie et aux cultures fourragères.

Or, dans ces conditions, à quel rendement peut-on prétendre? — Pour les betteraves, à 35 ou 40,000 kil. par hectare. Pour le froment, à 25 ou 30 hectolitres.

Avec un bétail réduit de moitié et une importation d'engrais chimiques allant de 150 à 200 fr. par hectare, les rendements de betteraves peuvent être aisément portés à 50 ou 60,000 kil., et ceux du froment, à 30 ou 40 hectolitres.

Lorsque la culture est rendue indépendante des animaux, la spéculation sur l'élève et l'engraissement acquiert plus de liberté. On peut attendre, choisir son moment, forcer les achats, les multiplier ou les restreindre. On peut aller même jusqu'à vendre temporairement sa production de paille et de fourrage, si leur prix devait en rendre la consommation trop onéreuse.

Mais, tout ceci suppose ce que j'ai dit en commençant, à savoir qu'au moyen de quelques corps on peut remplacer le fumier, que leur action dépend des mêmes lois, relève de la même cause, et qu'à leur aide on peut composer un engrais au moins égal sinon supérieur au fumier de ferme. Pour le prouver, je n'aurai pas recours à des considérations théoriques difficiles à comprendre, longues à développer. J'irai droit au but par le chemin de la pratique et sans commentaire.

Chez M. le marquis d'Havrincourt, sur une terre épuisée, faisant retour au propriétaire, après un long fermage :

33.000 kil. de fumier ont produit 28.215 kil. de betteraves par hectare ;

L'engrais chimique, 36.499 kilogrammes.

Me direz-vous que ce rendement est médiocre? Je vous répondrai que la pièce a été ravagée par le ver blanc.

Sur une autre parcelle en meilleur état :

22,500 kil. d'écumes de défécation ont produit.	34,111 kil. de betteraves.
3 4 de dose d'engrais chimiques.	42,201 —

Chez M. Cavallier, au Mesnil-Saint-Nicaise, dans le département de la Somme :

En 1866, 50,000 kil. de fumier ont produit	35,000 kil. de betteraves.
L'engrais chimique.	59,640 —

En 1867, chez M. Lavaux, à Choisy-le-Temple, sur une surface de 40 hectares :

50,000 kil. de fumier ont produit.	35,000 kil. de betteraves.
L'engrais chimique.	51.000 —

En 1867, chez M. Cavallier :

Terre sans aucun engrais. . . .	26,380 kil. de betteraves.
60,000 kil. de fumier.	34,830 —
Engrais complet.	52,700 —

Ainsi, la question de rendement ne peut laisser aucun doute dans vos esprits, car il ne s'agit pas ici d'expériences de laboratoire, mais bien des résultats obtenus par des agriculteurs de profession.

L'engrais chimique l'emporte sur le fumier, cela est certain, et ce que j'ai dit pour la betterave, je pourrais également le répéter pour le froment, pour le colza, la canne à sucre, etc.

Passons à la question de dépense; je prendrai comme exemple les résultats obtenus en 1867 chez M. Cavallier.

Quel était le prix de l'engrais chimique? 350 fr. par hectare. Dès la première année, le prix de l'engrais étant amorti, l'excédent de la récolte par rapport à la terre cultivée sans aucun engrais a donné un bénéfice net de 96 fr., alors que le fumier, estimé 10 fr. les 1,000 kil., laissait au compte des cultures à venir la somme énorme de 495 fr. à recouvrer, ce que l'on peut traduire sous cette autre forme plus saisissante que la précédente :

		A L'HECTARE.
Dépense.	{ Engrais chimique. .	350 fr.
	{ Fumier..	690
Récolte.	{ Engrais chimique. .	52,700 kil.
	{ Fumier..	34,800
Valeur de la récolte.	{ Engrais chimique. .	1,054 fr.
	{ Fumier..	696

Pour compléter cette démonstration, comparons l'engrais chimique à quelques engrais fort employés

1.

dans votre région : au tourteau de suint, au tourteau de viande et au tourteau de colza, en partant d'une dépense égale, fixée pour tous à 350 fr. par hectare.

> Le rendement de la terre non fumée étant de. . . . . 26,380 kil.
> Le rendement avec le tourteau de suint s'est élevé à. 31,000
> Le rendement du tourteau de viande, à. 32,500
> Le rendement du tourteau de colza à. 32,000
> Le rendement obtenu avec l'engrais chimique a atteint. 57,700

Ce qui porte en moyenne l'excédent à 21,000 kil. de racines par hectare, et le bénéfice net sur les trois tourteaux expérimentés à 420 francs.

L'avantage reste donc encore à l'engrais chimique.

Mais est-il bien certain qu'il doive son action aux mêmes agents que le fumier de ferme? Pourquoi lui serait-il supérieur, si ses bons effets sont dus à la même cause?

Il est facile de répondre à cette objection.

Vous savez tous, Messieurs, que l'écorce du quinquina possède la propriété de couper les fièvres, à cause de la quinine qu'elle contient. Or, dans 100 kil. de quinquina, il y a seulement 2 à 3 kil. de quinine. Eh bien, ainsi que nous l'avons déjà dit, les engrais chimiques représentent, par rapport au fumier, l'équivalent de la quinine dans le quinquina; ou encore ils sont comme le métal à l'égard de la gangue, dans les minerais exploités par l'industrie.

Les engrais chimiques contiennent uniquement les principes actifs de la végétation, ils sont plus facilement assimilables, plus solubles que le fumier. En un mot, le fumier contient, comme nous le démontrerons bientôt, 98.52 p. 100 de gangue dont la décomposition est nécessaire pour que la partie active soit assimilée par les végétaux ; tandis que les engrais chimiques, dépouillés de cette gangue, ont une action plus rapide et plus sûre.

On fait à la doctrine des engrais chimiques une autre objection.

Le fumier contient, dit-on, des produits qui manquent à l'engrais chimique. Le fumier enrichit la terre et l'engrais chimique l'épuise. Le fumier n'agit que comme dissolvant des éléments de fertilité du sol.

Cette affirmation est fausse de tous points. — En voici la preuve :

100 kil. de fumier renferment d'abord 80 kil. d'eau : or, ce n'est pas cette eau évidemment qui est la partie active du fumier ; elle augmente les frais de transport et de main-d'œuvre, sans contribuer à la fertilisation du sol. Il faut donc commencer par rayer 80 p. 100 du poids du fumier comme étant sans valeur.

Dans les 20 kil. restant, il y a 13^k.29 de fibre ligneuse indécomposée ou partiellement décom-

posée. passée à l'état de matière noire par son alté-
ration dans la fosse.

Est-ce à ces matières que le fumier doit ses bons
effets? Vous savez le contraire. Laisse-t-on pourrir
dans une fosse à fumier de la sciure de bois ou des
copeaux de sapin. on obtient un engrais sans valeur.

Cette inertie n'a rien qui puisse vous surprendre,
car vous n'ignorez pas que la partie ligneuse des
végétaux est essentiellement formée de carbone,
d'hydrogène et d'oxygène, que les plantes trouvent
en quantités inépuisables dans l'air et dans l'eau de
la pluie.

Je le répète, le carbone des végétaux ne vient pas
du sol, mais de l'air. Nous pouvons le prouver par
un témoignage irrécusable. Les premiers êtres vi-
vants qui firent leur apparition à la surface du
globe sont les végétaux ; ils se montrèrent lorsque
la température de la masse terrestre primitivement
incandescente se fut suffisamment abaissée ; or les
couches de houille formées par les végétaux pri-
mitifs nous apprennent qu'ils atteignaient des di-
mensions vraiment colossales et que les calamites
et les lépidodendrons de cet âge reculé, dont l'orga-
nisation a pour analogues les lycopodes et les
prêles de la période actuelle, formaient des forêts
comparables à celles de nos bouleaux et de nos
sapins. A cette époque. cependant. le sol ne con-
tenait pas la matière noirâtre du fumier. Cette ma-

tière n'est donc pas indispensable au développement de la vie végétale, puisque jamais la végétation n'a atteint depuis la splendeur qu'elle possédait à l'époque où la terre en était dépourvue.

Si aux 80 p. 100 représentés par l'eau du fumier, on ajoute encore 13,29 pour la partie ligneuse de la paille, on obtient un total de 93,29 p. 100 de substances utiles ou d'une fonction tout au moins secondaire. Sur les 6,71 restant, il faut encore supprimer $5^k,23$, composés de magnésie, de soude, de chlore, de silice, d'oxyde de fer et d'acide sulfurique, de sorte qu'il n'y a, en définitive, dans 100 de fumier que 1,48 de substances vraiment actives et fécondes, représentées par de l'azote, du phosphate de chaux, de la potasse et de la chaux.

Les $5^k,23$ supprimés en dernier lieu ne sont pas inutiles à la végétation, loin de là ; on en fait abstraction, parce que la terre en est surabondamment pourvue. On peut le prouver par une expérience bien simple :

Essayez sur la même terre un engrais composé seulement d'azote, de phosphate de chaux, de potasse et de chaux, et un autre contenant les corps dont la masse est représentée par $5^k,23$. L'effet sera le même dans les deux cas.

En résumé, la partie vraiment active du fumier ne représente qu'un centième et demi de la masse totale. Tout le reste appartient à la gangue : une partie de cette gangue est inutile, une autre partie ne remplit qu'une fonction très secondaire, puisque l'atmosphère fournit aux végétaux les éléments qui lui correspondent; enfin, le reste est contenu dans le sol.

De tout ce qui précède il résulte que, dans 100 kil. de fumier, il n'y a bien réellement, je le répète, que $1^k.48$ de principes actifs et nécessaires. Or, cette partie est l'engrais chimique. Il est donc vrai que le fumier de ferme et l'engrais chimique doivent leur efficacité à la même cause ou plutôt aux mêmes agents.

Voici un tableau qui donne à cette démonstration un caractère presque mathématique :

Fumier.	100	
Eau.	80 —	Ci. . . 80 sans utilité pour les plantes.
Carbone.	6,80	Ci. . 13,29 qui viennent de l'air et de la pluie.
Hydrogène.	0,82	
Oxygène.	5,67	
Silice	4,42	Ci. . 5.23 dont le sol est surabondamment pourvu et qu'on n'a pas besoin de lui rendre.
Chlorure.	0,04	
Acide sulfurique . . .	0,13	
Oxyde de fer.	0,10	
Soude.	Mémoire	
Magnésie.	0,24	
Azote	0,41	Ci. . 1,18 dont le sol n'est pourvu qu'en proportion limitée, et qu'il faut lui rendre par les engrais.
Acide phosphorique . .	0,18	
Potasse	0,49	
Chaux.	0,56	
Total égal. . .	100	

Ainsi se trouve donc expliqué pourquoi, à richesse égale, l'engrais chimique l'emporte sur le fumier.

L'engrais chimique est soluble, immédiatement assimilable, alors que le fumier doit, pour le devenir, se dépouiller de sa gangue, par une décomposition préalable, qui ralentit forcément ses effets.

D'autres avantages sont encore attachés à l'emploi des engrais chimiques.

Le fumier forme un tout indivisible. Vous pouvez en varier les doses, mais non en modifier la nature ou la composition.

Avec l'engrais chimique, vous pouvez varier à la fois les doses et le rapport des quatre termes qui le composent, et cette latitude double presque les avantages que nous venons de constater.

Voici comment :

Essayons sur la même terre non pas un engrais, mais cinq engrais. D'abord l'engrais composé d'azote, de phosphate de chaux, de potasse et de chaux, et auquel nous donnerons désormais le nom d'engrais complet; puis quatre autres engrais desquels on aura exclu un à un chacun des quatre termes du premier. Nous aurons ainsi cinq expériences faites respectivement avec :

L'engrais complet;

L'engrais sans azote;

L'engrais sans potasse;

L'engrais sans phosphate ;
Et l'engrais sans chaux.

Que se produira-t-il ? Les chiffres parlent ; il suffit de les énoncer pour que vous puissiez vous rendre compte de la portée et de la valeur pratique des résultats obtenus :

	kil.
L'engrais complet a produit.	51,000
— sans chaux.	47,000
— sans potasse.	42,000
— sans phosphate.	37,000
— sans matière azotée. . .	36,000
Terre sans aucun engrais.	25,000

D'où il résulte que la suppression de la matière azotée a occasionné, dans le rendement, un abaissement supérieur à celui déterminé par la suppression successive des trois autres termes de l'engrais complet.

Recommençons l'expérience dans de nouvelles conditions : — Opérons toujours sur l'engrais complet, mais élevons successivement la dose de chacun de ses quatre termes, celle des trois autres restant invariable. — Voici ce qui arrivera :

Augmente-t-on la dose du phosphate de chaux, le rendement n'est pas affecté. Si on augmente la dose de la chaux, le rendement ne change pas non plus. Même remarque à l'égard de la potasse ; mais si l'on élève la dose de la matière azotée, le rendement croît dans une proportion considérable

La dose de l'azote étant de 80 kil.,
le rendement est de. . . . .   47,323 kil. par hect.
La porte-t-on à 100 kil., le rendement
s'élève à.   51,000
Atteint-elle 130 kil., le rendement
atteint lui-même.   59,660

Ce que nous venons de constater pour la betterave, se présente pour toutes les autres plantes indistinctement. L'un des quatre termes de l'engrais complet affecte de préférence le rendement d'un certain nombre d'entre elles. Il exerce une fonction prédominante, par rapport aux trois autres, qui n'ont qu'une fonction subordonnée. Mais cette prédominance et cette subordination n'ont rien d'absolu ; elles sont corrélatives de la nature des plantes.

La conséquence pratique de ce fait est considérable. Pour produire en abondance et à bas prix, vous l'avez prévu, il faut fixer au minimum la dose des éléments subordonnés et forcer au contraire celle de l'élément dominateur.

Appliquons-nous à fixer maintenant la portée économique de l'exemple cité tout à l'heure.

Avec l'engrais sans azote, le rendement a été, avons-nous dit, de 36,834 kil. de racines par hectare. L'engrais chargé de 80 kil. d'azote a produit 47,325 kil. : soit un excédent de 11,000 kil. en nombre rond. Eh bien, ces 11,000 kil. d'excédent, l'azote étant amorti, laissent un profit net de 67 fr. 82. — Porte-t-on la dose de l'azote à 100 kil., le rendement passe à 51,000 kil. et le bénéfice à 108 fr. La dose de l'azote atteint-elle 130 kil., le rendement s'élevant alors à 59,660 kil., le bénéfice réalisé sur l'excédent de la récolte atteint 228 fr. par hectare.

Avec le fumier, de pareils résultats sont impossibles. Voulez-vous augmenter la dose de l'un de ses éléments, il faut élever celle des trois autres. Vous donnez avec prodigalité ce que la plante ne réclame pas, pour lui fournir avec parcimonie ce dont elle a besoin.

Ainsi, la betterave exige beaucoup d'azote, la canne à sucre n'en demande que de très petites quantités.

Donnez-vous à la canne 28 kil. d'azote par hectare, le rendement est de 84,782 kilogrammes.

Avec 45 kil., 60 kil., 90 kil. d'azote les rendements sont de 79,732 kil., 86,840 kil., 87,875 kil., c'est-à-dire qu'ils restent stationnaires.

Variez-vous, au contraire, la dose de phosphate de chaux, il se produit aussitôt des changements analogues à ceux que nous venons de constater sur la betterave en variant la dose de la matière azotée.

Avec 600 kil. de phosphate acide de chaux, le rendement de la canne était de 84,000 kil. par hectare. Avec 400 kil. de phosphate, le rendement n'est plus que de 40,000 kil. Or, 200 kil. de phosphate de chaux valent 32 fr., tandis que 44,000 kil. de cannes valent au moins 800 francs.

Puisque la matière azotée remplit une fonction si

importante à l'égard de la betterave, et que cette matière se trouve dans le commerce sous des formes très variées, il importe beaucoup de savoir celle à laquelle on doit donner la préférence.

Dans le Nord, on emploie beaucoup de tourteaux : tourteaux de suint, tourteaux de viande et de colza. Sous cette forme, l'azote est moins efficace qu'à l'état de sulfate d'ammoniaque. Mais ce sel doit céder lui-même le pas au nitrate de soude, et celui-ci au nitrate de potasse (salpêtre). Vous savez que les nitrates ou azotates sont des sels formés par la combinaison de l'acide nitrique (ou azotique, ou eau-forte) avec un alcali, ou un oxyde métallique.

A proportion égale d'azote, 80 kil. par hectare, les autres termes de l'engrais complet restant les mêmes, j'ai obtenu cette année à Vincennes :

	BETTERAVES A L'HECTARE.
Avec le sulfate d'ammoniaque.	55,450
Avec le nitrate de soude. . . .	58,800
Avec le nitrate de potasse. . .	61,750

De son côté, M. Cavallier a obtenu au Mesnil-Saint-Nicaise en 1866 :

Avec 100 kil. d'azote à l'état de sulfate d'ammoniaque. . . .	51,000 kil.
Et en 1867, avec 75 kil. d'azote à l'état de nitrate de soude..	50,800

Ainsi, l'engrais complet restant le même quant aux quantités respectives de ses quatre termes, les rendements augmentent ou diminuent par le seul fait de la forme spéciale que revêt la matière azotée. Ajoutons enfin que, malgré l'efficacité de la matière azotée, il y a cependant une limite qu'il ne faut pas dépasser, parce qu'elle devient alors décidément nuisible au point de provoquer une maladie de la plante, comparable sinon analogue à celle des pommes de terre. Nous verrons en outre que l'azote, à l'état de matière animale, a l'inconvénient grave de nuire à la richesse saccharine. Mais réservons pour le moment cette question et n'ayons égard qu'au rendement. Voici, à ce sujet quelques indications empruntées à la grande culture.

Avec l'engrais complet n° 2, composé de :

	A L'HECTARE.
Phosphate acide de chaux......	300 kil.
Nitrate de potasse.........	200
Nitrate de soude..........	400
Sulfate de chaux..........	400

Les rendements varient entre 50 et 60,000 kil. par hectare, la dose de l'azote est de 75 kil., le prix de l'engrais de 330 francs.

Avec l'engrais complet intensif n° 2, qui a pour composition :

	A L'HECTARE.
Phosphate acide de chaux......	600 kil.
Nitrate de potasse..........	400
Nitrate de soude..........	300
Sulfate de chaux..........	400

Le rendement oscille entre 60 et 75,000 kil. de racines par hectare.

Cette fois la dose de l'azote atteint 100 kil., et le prix de l'engrais 480 fr. par hectare.

Enfin, en portant la dépense à 650 fr. et la dose de l'azote à 150 kil., ce qui correspond à deux fois la formule du premier engrais, le rendement peut s'élever à 80 et même à 100,000 kil. de racines. J'en ai obtenu, en 1861, 89,530 kilogrammes.

Pour donner à ces trois résultats leur véritable signification économique, il faut avoir égard à la récolte de la deuxième année.

Ce qui nous conduit finalement à ces résultats :

Engrais complet n° 2. Une dose.

1re année. — 330 fr. d'engrais complet . . . . . 50,000 kil. de betteraves
2e année. — 120 fr. sulf. d'ammoniaque. . . . 35 hectol. de froment.
————————
450 fr.

Engrais complet intensif n° 2.

1re année. — 480 fr. d'engrais
complet intensif. 65,000 kil. de betteraves.
2e année. — Rien . . . . 35 à 40 hect. de froment.

Engrais complet n° 2. Double dose.

1re année. — 660 fr. d'engrais
complet. . . . . 80,000 kil. de betteraves.
2e année. — Rien. . . . . . . 35 à 40 hect. de froment.

Si vous faites le compte des opérations, vous trouverez que les deux derniers engrais, quoique les plus chers, sont en réalité les plus économiques par le rendement, par le bénéfice net qu'ils procurent et par l'excès d'agents de fertilité dont ils enrichissent le sol.

Permettez-moi d'insister.

Chez M. Cavallier, dans la Somme, avec un engrais complet contenant 129 kil. d'azote et sans nouvelle fumure la seconde année, le rendement a été de 59.640 kil. de betteraves, la première année, et de 39ʰ.95 de froment la seconde.

Voici le décompte :

59,640 kil. de betteraves à 20 fr. . .	1,192 fr.	20
39 hect. 95 de froment à 20 fr. . . .	998	75
5,500 kil. de paille à 30 fr.	165	»
TOTAL DES PRODUITS. . .	2,355 fr.	95

2,355 fr. de récolte avec un engrais valant 450 francs.

Chez M. le marquis d'Havrincourt, à une époque où le commerce des engrais chimiques n'existait pas, avec un engrais ne contenant que 60 kil. d'azote, on a récolté, la première année, 42,700 kil. de betteraves, et la seconde année, avec 200 kil. de sulfate d'ammoniaque, 72 hect. d'avoine, ce qui représente 1,556 fr. de récolte pour 397 fr. d'engrais.

Enfin, Messieurs, comme, dans la grande cul-

ture, l'emploi des engrais chimiques marche presque toujours de pair avec le fumier, voici la formule
qui convient de préférence à la betterave :

Fumier.. . . . . 50,000 kil.

Phosphate acide de chaux. . 400 —
Nitrate de soude. . . . . . 200 —
Nitrate de potasse. . . . . 200 —
Sulfate de chaux. . . . . . 400 —

Si, avec le fumier, le rendement est de 35,000 kil.
par hectare, avec l'engrais supplémentaire dont il
s'agit, il s'élève à 55 ou 60,000 kil. Chez M. Lavaux,
un engrais analogue au précédent a fait passer le
rendement de 35,000 kil. à 71,000 kil. par hectare.

Deux choses résultent de ce que je viens de vous
dire, Messieurs : la première, c'est qu'avec les engrais chimiques on obtient des rendements de betteraves supérieurs à ceux que donne le fumier; la
seconde, c'est que, pour atteindre le maximum de
rendement, on doit porter la dose de l'azote dans
l'engrais chimique à 150 kil. par hectare, mais ne
pas aller au delà.

Ici se présente une question nouvelle dont l'importance ne le cède pas à celle des grands rendements, c'est la richesse saccharine de la betterave.
Le titre des betteraves venues sur engrais chimique
égale-t-il celui des betteraves obtenues avec le fumier? Il lui est supérieur. On peut doubler la récolte sans que la racine accuse un abaissement de

richesse ; le même fait a été vérifié à la Guadeloupe sur la canne par l'honorable M. de Jabrun.

Avec 60,000 kil. de fumier à l'hectare, M. Cavallier a récolté 34,800 kil. de betteraves, lesquelles ont rendu à l'usine 5,90 p. 100 de sucre, ce qui porte le rendement d'un hectare à 2,023 kil. Avec l'engrais chimique, le rendement ayant atteint 52,700 kil. de racines titrant 6,12 p. 100, le produit total en sucre a donc été de 3,253 kil. par hectare.

Vous le voyez, l'accroissement dans la récolte n'est pas obtenu aux dépens de la bonne qualité de la betterave. Il n'est donc pas permis de dire que les grands rendements sont exclusifs de la richesse saccharine.

Ce résultat est trop important pour borner là nos explications, d'autant plus que ces faits sont en opposition avec la pratique des agriculteurs allemands et avec ce qui a été observé dans les environs de Lille.

Vous savez tous, Messieurs, qu'en Allemagne la betterave rend de 8 à 9 p. 100 de sucre, ce qui correspond à une richesse de 13 à 14 p. 100. Mais le rendement ne dépasse jamais 20 ou 25,000 kil. En Prusse, on ne fume pas la betterave, — on ne la cultive jamais directement sur le fumier.

Dans plusieurs départements du Nord, aux environs de Lille notamment, l'abus de l'engrais humain a permis d'obtenir des récoltes très élevées, mais aux dépens de la qualité des racines, qui sont devenues caverneuses, d'un titre si bas et d'un travail si difficile, qu'on a dû y renoncer pour la fabrication du sucre.

Comment concilier ces faits avec les grands rendements de betteraves, dont je vous ai garanti la qualité ?

Rien n'est plus facile.

Lorsqu'on concentre par l'ébullition une dissolution aqueuse de sucre, si l'eau est pure, on peut en retirer par cristallisation la totalité du sucre.

Ajoute-t-on à l'eau un peu de chlorure de sodium, de sulfate de potasse, de chlorure de potassium, ou ces trois sels à la fois, une partie de sel empêche la cristallisation de quatre parties de sucre. La méthode imaginée par M. Dubrunfaut pour titrer commercialement les sucres repose en partie sur ces données.

Or, dans la culture, il peut se présenter deux cas défavorables, que ces faits expliquent de la manière la plus satisfaisante, et contre lesquels il nous est facile de nous prémunir :

1° Le jus de betteraves contient-il beaucoup de chlorures et de sulfates alcalins? — La conséquence est prévue : l'extraction du sucre sera difficile, et, à richesse saccharine égale, des betteraves dont le jus ne contiendra pas de sels, rendront plus de sucre à l'usine.

2° Un excès d'azote est nuisible. Si cet élément est à l'état de matière animale et si l'engrais ne contient pas des quantités corrélatives de phosphate de chaux, de potasse et de chaux, les racines acquièrent un volume parfois considérable, mais leur tissu est lâche, souvent caverneux, et leur jus peu sucré.

La nature de l'engrais peut donc exercer une influence défavorable de deux manières différentes : tantôt en s'opposant à l'extraction du sucre, tantôt en nuisant à sa formation dans la betterave elle-même.

L'emploi d'un engrais riche en azote, en chlorure et en sulfate, et pauvre en phosphate de chaux et en potasse assimilable, aura pour effet inévitable la production de betteraves à la fois peu sucrées et d'un travail difficile.

Or, l'engrais humain à dose trop élevée, les tourteaux, et, dans une certaine mesure, le fumier lui-même, quoique à un degré moindre, conduisent inévitablement à ce résultat.

Dans 60,000 kil. de fumier, il y a 240 kil. d'azote, dose à la fois trop forte et trop faible. Trop faible, vu l'état d'insolubilité du fumier, pour imprimer une grande activité à la végétation de la betterave durant la première période de son accroissement, et trop forte parce que les composés ammoniacaux ou les nitrates qui en proviennent surexcitent la formation des feuilles, lorsqu'il faudrait qu'elle se ralentît.

À ce premier défaut du fumier, il faut en ajouter un second : la présence de 200 à 250 kil. de chlorures et de sulfates alcalins ; et enfin un troisième : la matière noire, très préjudiciable par l'action dissolvante qu'elle exerce sur les sels naturels du sol.

Dans le même ordre d'idées, l'abus de l'engrais flamand a plus d'inconvénients encore ; l'azote y est en trop forte proportion par rapport aux phosphates et à la potasse, dont la plus grande partie est à l'état de chlorure et de sulfate[1] ; aussi le rendement est-il inférieur à celui qu'on obtient avec l'engrais chimique.

L'honorable M. Corinwinder rapporte, qu'à l'aide de 55,000 kil. de fumier additionnés de 1.100 kil. de tourteaux de colza et de 560 kil. de guano, il a obtenu 53,000 kil. de betteraves.

Ce résultat est loin d'être satisfaisant. Pourquoi? Parce que la dose de l'azote (357 kil.) était trop forte et celle de la potasse beaucoup trop faible.

Rapprochez de ce rendement ceux qu'ont obtenus M. Cavallier et M. Lavaux.

50.000 kil. de fumier ayant produit chez M. Cavallier 35,000 kil. de betteraves, l'addition de 200 kil. de nitrate de potasse et de 200 kil. de nitrate de soude a suffi pour porter le rendement à 54.700 kil.; et, dans une autre expérience, au moyen de 600 kil. d'engrais complet n° 2, la récolte a été de 50.500 kilogrammes.

Chez M. Lavaux, 50,000 kil. de fumier ayant pro-

1. Dans 100 parties de cendres d'engrais flamand, il y a 13 parties de chlorure de potassium et 16 parties de chlorure de sodium.

duit 35.000 kil. de betteraves, l'addition de 1,200 kil. d'engrais complet n° 2 a porté le rendement à 71,000 kil. par hectare; si nous comparons cette expérience à celle de M. Corinwinder, nous voyons que, dans 1,200 kil. d'engrais n° 2, l'azote n'entre que pour 75 kil., alors que dans 1,100 kil. de tourteaux et 550 kil. de guano, il y figure pour 120 kil.; et pourtant le rendement de Choisy-le-Temple dépassa le premier de 28,000 kil., toujours parce que l'engrais était complet et la matière azotée plus soluble.

De ces explications il résulte que les observations des agriculteurs allemands, conformes à celles des agriculteurs des environs de Lille, sont parfaitement fondées. Il est vrai que, par un excès de fumier ou d'engrais riche en matières animales, on nuit à la qualité de la betterave; mais il est vrai aussi que cet inconvénient ne se produit pas avec des engrais dans lesquels la matière azotée, entièrement soluble, est employée à dose plus faible et associée, en outre, à des proportions justement équilibrées de phosphate, de potasse et de chaux, et desquels enfin les chlorures ou les sulfates alcalins ont été rigoureusement bannis. Or, ces deux conditions sont remplies par l'engrais chimique.

Vous devez comprendre, dès lors, combien il doit être dangereux de recourir aux sels de potasse de Stassfurth, dans lesquels les chlorures et les sulfates entrent pour une part si élevée.

Pour justifier les données générales qui précèdent, je rapporterai les résultats d'une expérience faite sur mes indications dans la dernière campagne.

En 1866, un agriculteur, fabricant de sucre des environs de Liège, M. Verlat-Carlier, me signala une terre de son exploitation qui avait produit 15 à 18 fois de la betterave depuis vingt-cinq ans, et sur laquelle il n'en pouvait plus obtenir, à quelque dose de fumier qu'il eût recours.

Eh bien! sur cette terre, au moyen de l'engrais complet n° 2, on a obtenu 40,000 kil. de racines à l'hectare, et à peine 13,000 avec le fumier.

Il n'est pas superflu d'ajouter que le semis avait eu lieu au mois de juin, ce qui est une époque tardive, et que le rendement a été vérifié par une commission de la Société d'agriculture de Bruxelles.

Quant à la richesse saccharine, elle fut de 13 p. 100, ce qui correspond à un rendement industriel de 8.

Je viens de dire que l'engrais employé par M. Verlat-Carlier est celui portant le n° 2, dont j'ai donné la formule. Mais il est nécessaire d'ajouter qu'une partie de l'engrais fut enterrée dans des couches profondes, et l'autre partie répandue à la surface du sol.

Ce mode d'opérer, suivi à Vincennes en 1867, m'a donné des betteraves titrant 12 p. 100 de sucre, alors que celles venant avec l'engrais répandu à la surface ne titraient que 10 p. 100. La division de l'engrais a coïncidé avec une richesse plus grande.

2.

Pourquoi? Au champ d'expériences de Vincennes, jusqu'en 1865, j'avais répandu la totalité de l'engrais à la surface du sol, mais depuis deux ans j'avais remarqué sur les parcelles où la betterave revient depuis huit ans, que la plante, qui donnait au mois de juillet la plus belle espérance, cessait souvent de s'accroître, sans que rien pût expliquer ce ralentissement. Une partie des feuilles s'étiolaient, et, finalement, la récolte, qui promettait de 50 à 60,000 kil. de racines, n'en produisait que 40 à 45,000 kilogrammes.

Préoccupé de cette observation, je pensai que ce temps d'arrêt pouvait bien être dû à l'appauvrissement des couches profondes dans lesquelles pénètre le pivot de la racine, et c'est pour soumettre cette prévision au contrôle de l'expérience que je donnai à M. Verlat-Carlier le conseil d'enterrer une partie de l'engrais.

Le sujet qui nous occupe est trop grave pour nous laisser entraîner à des inductions prématurées; cependant nous ne pourrions, sans manquer de discernement, méconnaître l'importance de ces premières indications, d'autant plus que si on y regarde de près, elles rentrent complètement dans ce que je viens de vous dire sur l'influence défavorable des sels alcalins, lorsqu'ils ne sont pas accompagnés de quantités correspondantes de phosphate, de matière azotée et de chaux.

Supposons une terre dont le sous-sol soit argileux, c'est-à-dire généralement riche en sels alcalins, mais manquant de phosphate et de matière azotée. On comprend jusqu'à un certain point que l'engrais étant concentré à la surface, la végétation se montre d'abord active et prospère, mais que cet état change lorsque le pivot de la racine parvient dans les couches profondes du sol, à cause des sels alcalins qu'il y trouve.

Au contraire, supposez un sous-sol placé dans les mêmes conditions que les couches superficielles, c'est-à-dire pourvu d'azote, de phosphate de chaux et de potasse assimilables. La végétation n'éprouvera pas de temps d'arrêt. A toutes les périodes, elle recevra les quatre éléments de la production associés dans le rapport voulu; cette condition déterminera un accroissement continu et une richesse saccharine plus grande.

De ce qui précède il résulte qu'il faut éviter trois choses dans les engrais destinés à la betterave : des doses d'azote trop fortes et surtout l'emploi des matières animales; la présence des chlorures et des sulfates alcalins, et, autant que possible, la concentration de l'engrais dans les couches superficielles.

Contrairement donc aux traditions suivies dans un grand nombre de localités, où l'on a coutume de réserver le fumier pour les betteraves, on trouverait, je crois, plus d'avantages à ne faire venir la betterave qu'à la seconde année. On pourrait débuter par une culture d'orge, de colza ou d'œillette, ainsi qu'on le pratique fort judicieusement dans le Pas-de-Calais.

La première culture aurait pour destination de laisser aux matières animales le temps de se décomposer, et surtout d'extraire du sol une partie des chlorures et des sulfates alcalins disponibles.

Résumons-nous. Dans les conditions de la culture ordinaire, le fumier est la source de la fertilité, mais on en manque toujours. On peut y suppléer par les engrais chimiques. Ceux-ci donnent des rendements plus élevés, parce qu'ils sont plus solubles, et parce qu'on peut en régler à volonté la composition.

Pour obtenir de grands rendements de betteraves, il faut employer la matière azotée à l'état de nitrate. Pour élever la richesse saccharine, l'azote doit être accompagné de quantités corrélatives de potasse et de phosphate de chaux. — Pour que les betteraves soient de bonne qualité et d'un travail facile, il faut exclure des engrais les chlorures et les sulfates alcalins, et, pour ce motif, ne cultiver, autant que possible, la betterave que la seconde année si l'on emploie de préférence du fumier et des engrais d'origine animale.

Enfin, à titre de présomption, mais de présomption seulement, je crois à la possibilité d'élever la richesse saccharine au moyen de fumures enterrées dans les couches sous-jacentes; mais, je le répète, ce n'est encore là qu'un espoir ; ce qui est acquis, ce sont les rendements de 60 à 70 kil. avec une richesse saccharine au moins égale à celle des betteraves venues sur fumier, et dont le rendement ne dépasse pas 40,000 kil. à l'hectare.

En considérant la culture de la betterave comme une source de sucre, d'alcool et de viande, on peut dire qu'elle est une des plus importantes de nos climats ; son importance s'accroît encore des droits qu'elle acquitte au Trésor ; ces droits ne s'élèvent pas à moins de 1,000 à 1,500 francs par hectare.

Lorsqu'un produit est grevé d'un impôt presque égal à sa valeur, il est manifeste que l'économie de sa perception doit avoir une grande influence sur l'industrie mère qui en est la source.

Une étude sur la betterave serait incomplète, si elle n'était suivie d'un aperçu sur les conditions fiscales auxquelles l'industrie du sucre est soumise.

Vous n'ignorez pas, Messieurs, que la question des sucres a été de tout temps une espèce d'épouvantail pour nos assemblées, et que depuis vingt ans aucune législation n'a vécu plus de deux ou trois ans. Un administrateur éminent du service des douanes me disait, dernièrement, avec une sorte de découragement : « La question des sucres est comme la question d'Orient, elle n'a pas de solution. »

Lorsqu'on aborde en effet cette question, l'esprit libre de toute idée préconçue, on est bien vite rebuté par les complications dont elle est hérissée, et il faut un véritable effort de volonté pour en continuer l'étude jusqu'au bout.

En cherchant à pénétrer le mécanisme de cette législation, j'ai subi le sort commun, j'ai dû me faire violence. Mais je n'ai pas tardé à reconnaître, cependant, que la complication du sujet tenait moins à sa nature propre qu'à des dissimulations d'intérêts.

Je m'explique. — Les colonies, à raison de la distance qui les sépare de l'Europe, réclament une détaxe en faveur de leur sucre. Les ports de mer demandent de leur côté une prime de sortie sur les raffinés, dans l'intérêt de la navigation. Même instance de la part des raffineurs. Mais ce n'est pas tout : les fabricants de sucre forment plusieurs catégories, à raison de leurs modes différents de fabrication. De là des antagonismes d'intérêt inévitables. Aussi chacun veut-il une détaxe en sa faveur et une surtaxe au préjudice de son voisin. Mais de pareilles prétentions ne peuvent guère se produire au grand jour; plus elles sont opiniâtres et plus elles se dissimulent. De là un va-et-vient de réclamations et de demandes, formulées et défendues toutes au nom de l'intérêt public et du progrès, mais dont chacun veut avoir seul le bénéfice.

En présence de tant de prétentions rivales, le fisc a voulu contenter un peu tout le monde, et si toutes les législations ont péri avant d'avoir vécu, c'est parce qu'on a procédé par une sorte d'arbitrage, bienveillant sans doute, mais au fond sans règle et sans fixité, toujours déjoué par la spéculation.

La loi a posé en principe que l'impôt qui est perçu sur les sucres bruts devait être proportionnel à leur rendement en raffiné. Mais dans l'application cette règle n'est pas observée. Le rendement des sucres variant à l'infini, on a formé une sorte d'échelle ascendante de vingt numéros, que l'on a subdivisés en quatre groupes :

Le premier groupe s'arrêtant au n° 7, le second au n° 12, le troisième allant du n° 13 au n° 20 ; le quatrième comprenant les poudres blanches.

Chaque groupe est frappé d'un droit différent, mais ce droit n'est pas du tout en proportion de la richesse.

Au-dessous du n° 7, les sucres bruts payent 42 fr., leur rendement est de 67 p. 100, ce qui porte le droit des raffinés qui en proviennent à 62 fr. 68.

Du n° 7 au n° 12, le droit étant maintenu à 42 fr., et le rendement oscillant entre 80 et 88 p. 100, les droits sont compris entre 47 fr. 72 et 52 fr. 50.

Du n° 13 au n° 20, le droit étant de 44 fr. et le rendement allant de 88 à 94 p. 100, le droit varie entre 46 fr. 82 et 50 francs.

Enfin les poudres blanches, qui donnent de 96 à 98 p. 100, ne sont imposées que de 45 francs.

La législation de 1864 qui nous régit est en opposition avec le principe qu'elle prétendait consacrer : l'impôt proportionnel au rendement. En réalité, les poudres blanches jouissent d'une détaxe considérable.

Je le répète, la base qui sert d'assiette à l'impôt est vicieuse. En vain objectera-t-on que les poudres blanches sont un progrès sur les sucres cuits à l'air libre, et que l'État doit favoriser ce progrès. Nous répondrons que l'État doit une protection égale à tous.

Aujourd'hui les raffineurs payent les sucres proportionnellement à leur richesse. Les poudres blanches jouissent de la plus-value que leur méritent leurs titres élevés. Pourquoi l'État y ajouterait-il la faveur d'une prime?

Pour prouver combien l'échelle des types est défectueuse, il me suffira d'ajouter, ce que tout le monde sait d'ailleurs, que les raffineurs ont établi une prime en faveur des sucres classés au-dessous du n° 13, et dont la richesse dépasse le titre légal ayant servi de base à l'impôt. Il résulte de là que 8 à 10 p. 100 de sucre entrent dans la consommation sans avoir acquitté de droits.

Autre exemple de certaines spéculations de la raffinerie, et dont le Trésor fait les frais.

Le sucre des colonies jouit d'une détaxe de 5 fr. par 100 kil., à la condition d'être consommé à l'intérieur.

Presque tout le sucre des colonies est donc déclaré

pour cette destination. Mais en réalité, la plus grande
partie est exportée à l'état de raffinés. Il résulte de
cette exportation la délivrance de certificats de sortie par la douane. Or, au lieu de compenser ces certificats par des déclarations en admission tempo-
raire, les raffineurs des ports, qui ne travaillent que
des sucres d'un titre élevé, parce que les raffinés qui
en proviennent ne supportent qu'un droit de 45 à
46 fr., cèdent leur certificat de sortie aux raffineurs
de l'intérieur à un prix débattu qui est en ce moment de 47 fr. 50. A l'aide de ces certificats, ceux-ci
versent dans la consommation des raffinés fabriqués
avec des types inférieurs au n° 7, n'ayant acquitté
qu'un droit de 47 fr. 50, alors qu'en réalité ils au-
raient dû en payer un de 62 francs.

Il résulte de cette tactique que les raffineurs des
ports bénéficient de la détaxe de 5 fr. dont jouissent
les sucres coloniaux, et les raffineurs de l'intérieur
de l'écart qui existe entre les droits qui frappent les
raffinés provenant de types inférieurs au n° 7, et le
prix d'achat de certificats de sortie, au moyen desquels le droit est compensé.

Ajoutez à ces profits illicites ceux qui proviennent
des excédents de rendement sur le titre légal.

Vous conviendrez qu'une législation qui présente
de telles anomalies, dont les dispositions les plus
essentielles sont si facilement éludées, est une législation jugée.

Elle est en effet préjudiciable à tous les intérêts

A l'État, puisqu'il y a fraude;

Au fabricant, dont elle gêne le travail, parce que le raffineur lui demande des sucres d'une richesse supérieure à leur type légal.

Au consommateur, sur lequel les raffineurs prélèvent un impôt qui est détourné de sa légitime destination.

Comment faire disparaître ces regrettables irrégularités? Pour moi je crois qu'il faut renoncer une fois pour toutes à l'idée des arbitrages administratifs qui ont si mal réussi. Pour être viable, une législation sur les sucres doit offrir le caractère d'une transaction équitable entre tous les intérêts engagés. Demandons-nous donc quels sont les intéressés dans la question des sucres. Nous trouverons qu'il y en a trois : le consommateur, l'État et le fabricant. Informons-nous des exigences de chacun, afin de fixer. sur une base commune, ce qu'elles ont de légitime.

Que demande le consommateur? — Que le sucre soit le moins cher possible, attendu qu'il devient de plus en plus une denrée de première nécessité. — Nous aurons à examiner tout à l'heure ce qu'il y a de légitime dans cette prétention.

L'État, aux prises avec les charges de son mandat gouvernemental, demande à l'impôt un grand produit. Les découverts du budget sont là, inexorables comme des chiffres, et il faut y faire face. Pour obtenir un grand revenu, l'État a frappé le sucre d'un droit très élevé.

Beaucoup de bons esprits inclinent à penser que ce résultat eût été plus sûrement atteint avec un droit réduit de moitié. A l'appui de leur opinion, ils invoquent ce fait général que, partout où l'impôt est faible, la consommation s'élève.

Quant à la limite que la consommation du sucre peut atteindre, quelques chiffres nous permettront de constater à quel point nous en sommes éloignés. En France, la consommation par tête est de 7ᵏ,25. En Angleterre, elle est de 19 kil., et dans les colonies de l'Australie, elle est de 40 kil.

A cela les partisans d'un droit élevé répondent : En 1860, le droit a été réduit de 25 francs sans que le prix de vente ait subi une réduction correspondante. Après le 10 juillet 1862, le droit a été relevé, la consommation, loin de diminuer, a continué de croître : enfin il n'est pas possible d'assimiler l'Angleterre et la Hollande à la France. A la race anglo-saxonne, il faut des liqueurs toniques et chaudes; et cet usage ne convient ni à nos mœurs ni à notre tempérament.

En examinant de près ces objections, on reconnaît que leur valeur est au moins fort contestable. — Reprenons-les les unes après les autres.

Lorsque le droit fut réduit par la loi du 23 mai 1860, les raffineurs demandèrent à l'État de faire procéder à un inventaire de leurs approvisionnements, afin de les décharger de l'excès de droits qu'ils avaient acquittés.

Le ministre des finances n'ayant pas accueilli favorablement cette proposition, les raffineurs modérèrent leur production, ils firent, comme on dit, « la rareté sur les raffinés »; si bien que les prix se maintinrent à leur taux primitif. M. Rouher, alors ministre du commerce, essaya de combattre l'effet de cette tactique, en suspendant la surtaxe de 3 francs qui pesait sur les sucres étrangers. Mais les bons effets qu'on devait attendre de cette mesure se trouvèrent paralysés par l'élévation soudaine du droit à son taux actuel, dont M. Fould fit une des bases de son système financier lorsqu'il revint aux affaires.

On n'est donc pas autorisé à combattre la réduction du droit par ce qui s'est passé. L'épreuve n'a pas été complète, et il n'est pas possible de fonder sur elle un argument de quelque valeur.

On dit que l'usage des liqueurs chaudes n'entrera jamais dans les habitudes des classes ouvrières. Cette opinion est inexacte, mais il s'agit ici d'une question trop grave pour la traiter incidemment.

Il est une chose hors de contestation, c'est que le régime des populations doit être en rapport avec la somme d'activité qu'elles dépensent. Ce qui est incontestable aussi, c'est qu'un homme produit aujourd'hui, de 20 à 45 ans, deux fois plus d'efforts qu'au siècle dernier. Cet excès d'activité est la conséquence de nos moyens rapides de communication. Or, pour fournir un surcroît de travail, il faut un régime plus riche et surtout plus tonique. L'usage du thé et du café a été, sous ce rapport, un véritable bienfait pour les nations modernes. Indépendamment des propriétés nutritives que ces produits possèdent, ils exercent sur le système nerveux la plus heureuse influence à cause de leurs principes aromatiques et tonifiants.

Dans les régions brumeuses et froides, l'usage du thé a prévalu sur celui du café, mais dans les pays chauds le café a repris l'avantage. Aussi sa consommation s'étend-elle de plus en plus.

Consultez nos généraux d'Afrique et les médecins militaires, ils vous diront tous que la soupe au café a exercé sur la santé de nos troupes la plus salutaire influence.

Voyez aussi ce qui se passe dans nos départements du Nord. Quel est le ménage d'ouvrier où le café n'est pas une partie essentielle de l'alimentation?

En 1850, la consommation du thé était de .   92,863 kil.
En 1867, elle atteint. . . . .   314,917 —

En 1850, la consommation du café était de.   45,363,335 kil
En 1867, elle s'est élevée à. . . . .   47,288,222 —

En 1850, la consommation du cacao a été de.   2,068,425 kil.
En 1867, elle a dépassé. . . . .   13,357,055 —

Au surplus, constatons les états de la douane :
La consommation du thé et du café a triplé en

dix-sept ans, de 1850 à 1867 ; celle du cacao a sextuplé pendant la même période, alors que la consommation du sucre n'a guère fait que doubler, puisque de 116,010,746 kil. en 1850, elle ne s'est élevée qu'à 265,885,258 en 1867. En 1850, pour 1 kil. de thé et de café, on consommait $6^k,4$ de sucre, tandis qu'aujourd'hui, pour la même quantité de ces produits, on n'en consomme que $4^k,4$.

Il est donc avéré que la consommation du thé et du café, mais du café surtout, a plus progressé que celle du sucre. Ce qui prouve que le café est un besoin de notre temps, et qu'une diminution de droit sur les sucres contribuerait grandement à le satisfaire.

Enfin, les partisans d'une réduction de droit sur le sucre pensent qu'on pourrait le reporter provisoirement sur le tabac.

En 1865, la vente des tabacs s'est élevée à 29,870,360 kil., ayant produit 236,549,880 francs, sur lesquels les cigares de luxe figurent pour 46.999.378 francs.

Une surtaxe de 10 millions sur les cigares, et une de 15 millions sur le tabac ordinaire, combleraient une partie du déficit et laisserait à l'excès de la consommation le temps de ramener le produit de l'impôt à son taux actuel.

Ainsi la réduction du droit réclamée par le consommateur se trouve en définitive conforme aux intérêts bien compris du Trésor.

Le troisième intérêt qui se présente dans la question des sucres est celui du fabricant. Que demande-t-il? Que l'impôt ne porte pas atteinte à la liberté de son industrie, que l'impôt soit réparti également, sans distinction de provenance ou de mode de fabrication, sur tous les sucres, c'est-à-dire qu'il soit en proportion de leur richesse, et en même temps le plus modéré possible afin de favoriser la consommation.

Tous les intérêts sont donc unanimes pour demander le dégrèvement. Ce sera le premier article de notre programme.

La liberté pleine et entière laissée à l'industrie de régler son travail à sa convenance sera le second.

L'égalité des sucres devant l'impôt formera le troisième.

Enfin notre quatrième article sera conçu en vue d'affranchir les fabricants de sucre à l'égard des raffineurs.

Comment obtenir dans la pratique de si importants résultats? Le moyen est bien simple : il n'est pas nouveau, il consiste à remplacer l'impôt sur le sucre brut par l'impôt sur le sucre raffiné, c'est-à-dire par l'impôt à la consommation[1].

Le sucre est-il exporté, il ne paye pas de droit. Est-il consommé à l'intérieur, il acquitte l'impôt.

1. Voyez, à cet égard, les nombreuses et remarquables publications de M. le marquis d'Havrincourt.

Plus d'arbitrage, plus de dissimulation, plus de trafic sur les certificats d'exportation, enfin, pour les fabricants, liberté entière.

L'impôt à la consommation exige l'exercice des raffineries. Là est l'obstacle, a-t-on dit. Laissez-moi vous prouver qu'il n'en est rien.

Comment se règle aujourd'hui le prix des sucres ? D'après l'analyse des produits. L'analyse indique ce que les sucres bruts doivent rendre en raffiné. Avec une pareille indication comme moyen de contrôle, l'exercice des raffineries peut avoir lieu sans aucune difficulté, sans aucune vexation et voici comment :

A l'entrée du sucre dans la raffinerie, un employé de la régie prélève un échantillon et reçoit le certificat d'analyse du vendeur. L'acheteur lui livre aussi le sien. A l'aide de ces données, il balance, à titre de prévision, le résultat du raffinage. A la fin de la journée, il forme un échantillon moyen en se servant des divers échantillons qu'il a recueillis ; il vérifie le résultat fondé sur les déclarations à l'entrée.

Le sucre entre en fabrication, les employés suivent le travail comme dans les fabriques ordinaires, et tous les mois on compare les résultats des sorties avec le double contrôle exercé à l'entrée et sur le travail.

Dans ces conditions, l'exercice des raffineries ne présente aucune difficulté, et pour assurer son efficacité il n'est pas besoin de recourir à des mesures vexatoires.

Quant aux sucres inférieurs, dans ce système ils seraient soumis à un droit unique calculé sur un rendement de 88 p. 100 : au-dessus de ce titre, les sucres bruts seraient assimilés aux raffinés.

Mêmes dispositions pour les mélasses : droit unique avec fixation de la richesse.

Quant aux poudres blanches, elles seraient imposées à raison de 98 p. 100 de rendement.

Ce système aurait pour avantage de favoriser l'exportation des types inférieurs, au profit du sucre raffiné, qui est le vrai sucre. Vous le voyez, tout y est simple, tout s'y passerait au grand jour.

Pour la première fois, la question des sucres ne vous semble-t-elle pas se dépouiller des complications artificielles dont on s'est plu à la surcharger?

Dans ce système, aucun intérêt n'est sacrifié, il n'y a de prime pour aucun type. Le prix est basé sur le rendement, l'impôt perçu d'après la même base, et payable au moment de l'entrée du sucre dans la consommation; ce qui permettrait au Trésor d'étendre au commerce de demi-gros le terme de quatre mois dont les raffineurs jouissent seuls pour acquitter le droit dont ils exigent le remboursement immédiat, car ces ventes se font à dix jours de vue.

Beaucoup de bons esprits ne manqueront pas de me faire observer qu'en demandant une réduction de droits de 50 p. 100, je demande l'impossible.

3.

Messieurs, ce n'est point à la légère que je me fonde pour la défendre sur l'intérêt des classes populaires, si étroitement lié au progrès agricole, dont aucune culture, autant que celle de la betterave, ne peut favoriser l'essor.

Pour quiconque a suivi avec attention le grand débat qui vient de se produire au Corps législatif sur notre régime économique, deux résultats sont aujourd'hui hors de cause : le premier, c'est que notre état social réclame impérieusement le maintien de la liberté des transactions, les questions de tarifs devant être résolues par la voie législative ; le second résultat, c'est que notre production agricole est de beaucoup au-dessous de ce qu'elle devrait être, et que si elle s'élevait seulement de 20 p. 100, l'exportation de nos grains suffirait à la fois pour rendre l'Angleterre notre débitrice, et pour maintenir le prix du pain chez nous à un taux modéré.

M. le ministre d'État estime à 5 milliards la production industrielle de la France ; et le ministre de l'agriculture à 15 milliards notre production agricole.

Voyez, Messieurs, ce qu'un progrès de 10 à 20 p. 100 sur la production totale donnerait comme excédent. Ici, c'est par milliards qu'il faut compter.

Comment comprendre, en face de si grands intérêts, que toutes les préoccupations ne soient pas tournées de ce côté, et que jusqu'à présent on ait tant fait pour le commerce et l'industrie, et relativement si peu pour l'agriculture ?

Beaucoup de gens se persuadent que, pour faire de la bonne agriculture, il suffit de gratter le sol et que les récoltes ne dépendent que du soleil et des saisons. Sans doute les influences météorologiques ont une grande part sur le résultat, mais ne sauraient suppléer cependant au défaut de matière première dans le sol, c'est-à-dire à l'engrais. Autant vaudrait demander un travail suivi à une machine qui manquerait de combustible !

L'agriculture est une industrie au même titre que toutes les autres. Pour devenir prospère elle a besoin d'approvisionnement, c'est-à-dire d'engrais ; elle a besoin, en outre, de crédit ; il lui faut enfin des débouchés et des chemins. Je ne vous apprendrai rien de nouveau, si je dis que le crédit agricole n'existe pas en France ; qu'il est encore à fonder. Tant que l'article 2102 du code Napoléon restera en vigueur, les capitaux se détourneront de l'agriculture. Aux termes de cet article, qui a pu avoir sa raison d'être le lendemain d'une grande révolution, alors qu'il fallait asseoir la propriété sur une base inébranlable, mais qui aujourd'hui est en opposition avec notre état économique et nos besoins ; aux termes de cet article, tout ce qui garnit la ferme, ainsi que les produits des récoltes, appartient de droit au propriétaire pour les fermages échus ou à échoir : le fermier n'en peut disposer sous aucune forme ; d'où il résulte qu'un fermier possédant un cheptel de 100.000 francs ne peut pas trouver de crédit.

n'ayant pas de gage à offrir ; or, dans ces conditions, il n'y a pas d'industrie possible.

Le rappel de l'article 2102 exigerait, pour produire tous les bons effets qu'il est permis d'en attendre, deux ou trois autres mesures qui en sont le complément obligé.

En tête de ces dernières, il faut placer l'escompte à quinze mois, en faveur des achats d'engrais et de bétail. — Une instruction primaire largement distribuée et conçue en vue des besoins des campagnes. — Enfin les chemins vicinaux et les canaux surtout devraient recevoir une extension proportionnée aux besoins d'une production annuelle de 15 milliards.

Quand je dis qu'à l'aide de quelques réformes, on pourrait élever dans une proportion considérable le revenu agricole de notre pays, il me suffira pour justifier cette assertion de vous rappeler que le rendement moyen du froment n'est, en France, que de 14 hectolitres, et encore si l'on distrait de la moyenne générale les huit à dix départements du Nord, où la production dépasse 25 hectolitres, la moyenne descend à 8 hectolitres.

Or, avec de tels rendements, demandez-vous quel est le prix de revient du froment. — Il dépasse 35 fr. l'hectolitre. Demandez-vous encore ce que coûte le pain à celui qui produit son blé, et vous recevrez pour réponse une de ces révélations devant lesquelles on reste tout à la fois confondu et contristé. De plus, veuillez remarquer que l'Angleterre, dont la prospérité industrielle et la richesse dépassent tout ce que l'histoire nous rapporte des États les plus florissants de l'antiquité, peut devenir tributaire de nous, plus que nous ne le serons jamais d'elle. L'Angleterre a besoin, bon an, mal an, de 20 millions d'hectolitres de froment. Or, ni les provinces Danubiennes, ni la Hongrie, ni l'Amérique ne peuvent lutter avec nous sur son marché.

Lorsque les rendements atteignent 30 hectolitres par hectare, le blé ne revient pas à plus de 12 fr. l'hectolitre au producteur. Jugez d'après cela des moyens que nous possédons pour l'approvisionnement de l'Angleterre.

Quelle garantie pour le maintien de la paix. Quelle sécurité pour l'avenir !

Mais revenons à l'intérieur.

Il n'est plus possible de le dissimuler, l'accroissement de notre population éprouve, depuis vingt ans, un temps d'arrêt sur l'étendue duquel on ne saurait sans péril fermer les yeux.

De 1790 à 1815, l'accroissement annuel était de 120,000 âmes pour une population de 29,500,000 habitants.

En 1845, l'accroissement annuel avait atteint le chiffre de 200,000 pour 35,400,000 âmes.

En 1866, il est descendu à 100,000 âmes pour une population de 37,400,000 habitants.

Comparons cette situation à celle des autres pays

de l'Europe, et, pour donner plus d'actualité à cette comparaison, ne remontons pas au delà de 1820.

A cette époque, la Prusse comptait 10 millions d'habitants. — Aujourd'hui, sans y comprendre les annexions, le chiffre de sa population est de 19 millions; il atteint 29 millions avec les provinces annexées.

Dans le même laps de temps, l'Angleterre a vu le chiffre de sa population passer de 20 millions à 30 millions, malgré le flot toujours montant de son émigration. La Russie, qui comptait 40 millions d'habitants, en possède un nombre double. En France et dans la même période, nous sommes passés de 30 à 37 millions d'habitants.

Maintenant j'ajoute que, d'après le coefficient d'accroissement propre à chaque pays, la population de la Prusse aura doublé en soixante-neuf ans; celle de l'Angleterre en quarante-sept ans, et celle de la Russie en cinquante ans; tandis que le doublement de la nôtre ne s'effectuera qu'en cent trente et un ans !

En 1820, nous étions une des premières nations de l'Europe par le nombre de notre population. Mettez les chiffres en regard et demandez-vous quelle sera, à ce point de vue, notre situation à la fin de ce siècle.

Je sais, et vous savez comme moi, tout ce qu'on a dit pour expliquer notre infériorité à cet égard. Au-dessus de toutes ces explications, il y a un fait primordial qui les domine et leur commande. Nous ne tirons pas de notre sol ce qu'il pourrait nous livrer. Nous produisons trop peu et trop cher. Favorisez l'essor de l'agriculture, et en même temps que par l'exportation vous ferez pencher la balance du commerce de votre côté, vous communiquerez à votre population une impulsion nouvelle et toute-puissante. Rappelez-vous le mot de Buffon qu'on ne peut se lasser de citer : « Là où l'on pose un pain, il naît un homme. »

Je le répète, si j'insiste tant pour obtenir le dégrèvement de l'impôt sur le sucre, c'est parce que l'extension de la culture de la betterave est un des moyens les plus sûrs et les plus rapides de favoriser le progrès agricole. Une chose qui m'a toujours surpris, est la persistance des historiens et des hommes d'État à vouloir expliquer les vicissitudes des nations uniquement par des causes morales. Sans nier leur influence, tenez pour certain qu'il faut placer au-dessus d'elles le régime du sol. Un État dans lequel les rendements agricoles sont précaires ne peut nourrir qu'une population restreinte et débile. Le régime auquel le sol a été soumis dans le passé est un régime dévastateur. Aussi voyez ce que sont devenus les puissants empires dont l'histoire nous a conservé le souvenir.

Lorsqu'on emploie exclusivement le fumier pour entretenir la fertilité du sol, celui-ci s'épuise à la longue, et c'est facile à comprendre, puisque le fumier vient lui-même du sol, et que s'il modère les pertes que la terre subit par l'exportation des céréales, en fin de compte il ne les répare pas.

En nous montrant la source à laquelle la végétation s'alimente, la science a ouvert devant nous des horizons nouveaux. Il ne peut plus être question de tempérer les pertes que le sol subit, il faut nécessairement lui rendre plus qu'on ne lui prend, si l'on veut porter les rendements à leur limite la plus extrême, qui est la seule rémunératrice, et que d'ailleurs la concurrence étrangère nous impose.

Laissez-moi donc vous convier, Messieurs, à entrer dans ces voies nouvelles. Faites-le avec prudence ; mais ne fermez pas les yeux à la lumière. Vérifiez par votre propre expérience ce que je vous ai dit, et tenez pour certain qu'un jour viendra où vous aurez acquis la preuve que les notions que je viens de vous présenter commandent à la fois à nos intérêts publics et à nos intérêts privés.

Répétons-le donc, celui qui s'enrichit par l'agriculture travaille pour la prospérité de son pays, parce qu'il contribue à faire baisser le prix des denrées de première nécessité et à favoriser l'accroissement de la population, qui sera toujours la source principale de la puissance des États !

APPENDICE

MÉTHODE GÉNÉRALE

POUR ÉLEVER LA RICHESSE SACCHARINE DE LA BETTERAVE

Mes recherches sur la betterave à sucre remontent à plus de vingt années.

J'avais reconnu depuis longtemps que, pour élever la richesse des betteraves à sucre, il fallait remplir les conditions suivantes :

1° Prendre pour porte-graines des racines de 600 grammes à 1 kilogramme ;

2° Choisir celles qui contiennent le plus de sucre ;

3° Éliminer les formes défectueuses ;

4° Donner aux porte-graines un engrais minéral sans azote ;

5° Ne pas appliquer le fumier aux betteraves, parce que les engrais organiques nuisent à la production du sucre.

Cette question de la richesse saccharine des betteraves, si importante pour notre agriculture et pour notre industrie sucrière, n'a pas cessé de m'occuper depuis cette époque : les résultats des expériences reprises en 1888 confirment et complètent les règles que j'avais

données et qui viennent d'être brièvement rappelées ;
ils mettent aussi en évidence quelques faits nouveaux.

Le problème est plus complexe qu'on ne pourrait le
croire au premier abord.

Pour que la solution donne satisfaction aux intérêts
multiples qui se rattachent à la culture de la betterave,
il faut en effet :

1° Que les betteraves soient d'une richesse progressive toujours ascendante ;

2° Que le poids des récoltes soit très élevé ;

3° Que le jus soit très pur, c'est-à-dire qu'il contienne
peu de sels alcalins.

Personne n'aurait voulu croire il y a vingt ans qu'on
pût obtenir des betteraves du poids de 500 à 600 grammes, au titre de 22 p. 100 de sucre, et pourtant le fait
est certain, et avant 5 à 6 ans ce sera le titre courant
des cultures bien ordonnées.

Mais pour obtenir ces résultats, il faut, à côté de la
sélection des graines pour les besoins immédiats, surélever le titre par une deuxième sélection qui vise les
types exceptionnels que l'on cultive à part, dans l'intérêt de l'avenir.

Il faut, de plus, donner à la composition et au mode
d'emploi des engrais une attention particulière. Sur ce
point, la première règle est de proscrire entièrement
les matières organiques azotées de nature végétale et
animale, qui produisent des betteraves pauvres et difficiles à travailler ; j'avais signalé dès 1868, dans une
conférence faite à Arras, à la demande de la Société
d'agriculture de cette ville, les inconvénients de l'engrais humain, des tourteaux de viande et du fumier
lui-même.

La pratique la plus sûre est de n'employer que des

engrais chimiques, et alors il faut diviser l'engrais en deux parts : l'une enterrée dans les couches profondes du sol, l'autre répandue à la surface, et substituer au nitrate de potasse le mélange homologue composé de chlorure de potassium et de sulfate d'ammoniaque. Enfin il faudra remplacer, selon toute probabilité, le superphosphate de chaux par le phosphate bicalcique.

J'ai pu, l'année dernière, mettre en lumière d'une façon saisissante l'influence nuisible des matières azotées d'origine végétale, et faire pressentir, sinon établir définitivement, la supériorité du phosphate bicalcique sur le superphosphate de chaux.

Les expériences dont il s'agit ont été exécutées au champ d'expériences de Vincennes :

Sur une terre où l'on avait enfoui par sidération 34,000 kilogrammes de trèfles et 34,000 kilogrammes de sarrasin, et qui avait reçu 1,600 kilogrammes d'engrais chimique dont 600 kilogrammes dans les couches sous-jacentes et 1000 kilogrammes à la surface du sol, les deux doses d'engrais chimiques contenaient ensemble 100 kilogrammes d'azote. Sous ces conditions, la récolte des betteraves a été de 51,530 kilogrammes contenant 7,532 kilogrammes de sucre.

Sur une autre parcelle du champ d'expériences, à laquelle on a donné 1,600 kilogrammes d'engrais chimique, sans sidération, on n'a obtenu que 40,430 kilogrammes de récolte mais dans laquelle il y avait 7,382 kilogrammes de sucre.

Les résultats ont une signification toute différente suivant qu'on compare les poids des récoltes ou le poids du sucre contenu dans les deux récoltes.

RÉCOLTE
à l'hectare.

Nº 1. Engrais chimique et sidération. . . 51,530 kil.
Nº 2. Engrais chimique seul. . . . . 40,430 »

SUCRE.

Nº 1. Engrais chimique et sidération. . , 7,532 kil.
Nº 2. Engrais chimique seul. . . . . 7,382 »

L'effet de la matière organique due à la sidération a augmenté le rendement de la récolte de 10,000 kilogrammes, mais n'a pas exercé d'influence sur la production du sucre.

Pour la première récolte, obtenue avec le concours de la matière organique, les betteraves se classent ainsi, en raison de leur richesse saccharine :

0/0 DE SUCRE.	A L'HECTARE.			A L'HECTARE.
Bett. à 14,08	45,550 kil.	ont produit	6,413 kil. de sucre.	
— 18,57	5,730 »	—	1,064	»
— 22,14	250 »	—	55	»
Total de la récolte.	51,530 »	Total du sucre.	7,532	»

Pour la deuxième récolte, celle venue en l'absence de la matière organique, c'est-à-dire sans sidération, les betteraves se répartissent de la manière suivante :

0/0 DE SUCRE.	A L'HECTARE			A L'HECTARE.
Bett. à 14,08	10,322 kil.	ont produit	1,453 kil. de sucre.	
— 18,57	20,660 »	—	3,837	»
— 22,14	9,448 »	—	2,092	»
Total de la récolte.	40,430 »	Total du sucre.	7,382	»

Ainsi, dans le premier cas, la plus grande partie de sucre a été produite par les betteraves au titre de 14 p. 100, alors que dans le deuxième, c'est par les betteraves au titre de 18 à 22 p. 100 de sucre.

La suppression de la matière organique a donc eu pour résultat l'enrichissement des racines.

Il me semble impossible de concevoir une démonstration à la fois plus complète et plus saisissante, mais la question des engrais n'est pas épuisée par cette expérience.

J'arrive à l'effet produit par le phosphate bi-calcique.

Sur une troisième parcelle, à laquelle on a donné l'engrais sans addition de matière organique, on a obtenu 43,560 kilogrammes de racines contenant 8,145 kilogrammes de sucre, et cette fois encore, et à un degré plus élevé, les betteraves au titre de 18 et 22 p. 100 l'ont emporté de beaucoup sur les betteraves au titre de 14.

0/0 DE SUCRE.	A L'HECTARE.		A L'HECTARE.
Bett. à 14,08	7,805 kil.	ont produit 1,099	kil. de sucre.
— 18,57	24,373 »	— 4,526	»
— 22,14	11,382 »	— 2,520	»
Total de la récolte.	43,560 »	Total du sucre. 8,145	»

Ces faits ne sont pas le privilège exclusif des champs d'expériences. Il y a vingt ans, en effet, que la production des betteraves à richesses progressivement ascendantes, a été résolue sans conteste possible : j'en ai exposé les méthodes dans mon enseignement et dans diverses conférences données à Paris et en province. Parmi les applications qui ont été faites, je citerai seulement la grande culture de M. Dumont, à Chassart, en Belgique, dans les environs de Charleroi, et celle de M. Fouquier d'Hérouel, à Vaulx-sur-Laon.

Chez M. Dumont la richesse a passé de 8 et 10 p. 100

de sucre à 14 ; chez M. Fouquier d'Hérouel, le résultat
est infiniment supérieur, parce que la méthode de sélection que j'ai préconisée remonte à une époque plus
éloignée. M. Fouquier d'Hérouel est arrivé à produire
couramment de la graine donnant des racines contenant 16 p. 100 de sucre, et à titre encore restreint, mais
constant et assuré, de la graine donnant des racines
aux titres de 18,20 à 22 p. 100 de sucre, c'est-à-dire
que la richesse saccharine a presque doublé et qu'aujourd'hui la betterave est plus riche que la canne.

Parmi les résultats nouveaux obtenus au champ
d'expériences de Vincennes, il en est encore un, se
rapportant à la betterave, qui mérite de vous être signalé, c'est la détermination de l'engrais qu'il convient
de donner aux betteraves porte-graines au moment de
leur transplantation. Les producteurs de graines de
betteraves ont le tort d'employer comme porte-graines
des racines d'un poids léger, et de les cultiver dans une
terre surabondamment fumée en matière azotée. Cette
pratique a plusieurs inconvénients, dont le plus grave
est d'imprimer à la betterave porte-graines une végétation foliacée, excessive, anormale, née de l'emploi
d'engrais trop chargés d'azote et de faire dériver ainsi
la graine de cette végétation, fruit du travail de l'année.
La vérité c'est que, pour avoir de la bonne graine et en
grande abondance, il faut employer comme porte-
graines des racines du poids de 5 à 600 grammes que
l'on replante dans une terre à laquelle on donne un engrais privé d'azote, et je propose le suivant :

A L'HECTARE.

Superphosphate de chaux.	400 kil.
Carbonate de potasse.	200 »
Sulfate de chaux..	400 »
Total.	1,000 »

Dans ces conditions, la montée de la betterave ne se fait pas avec autant d'exubérance, mais le poids de la graine obtenue est plus fort, et cette graine formée par la résorption des produits accumulés dans la racine l'année précédente, reflète et conserve mieux les qualités de la racine mère dont elle dérive.

Ainsi 4 résultats peuvent être considérés comme définitivement acquis à la science et à la pratique agricole.

1° La richesse des betteraves peut atteindre et dépasser le titre de 22 p. 100 de sucre.

2° Il faut bannir des engrais les matières organiques azotées et diviser l'engrais en deux doses, une sous-jacente et une superficielle.

3° Il semble indiqué que le phosphate bi-calcique doit être préféré au superphosphate pour les betteraves. sans qu'on puisse encore l'affirmer définitivement.

4° A l'égard des betteraves porte-graines. il faut supprimer dans l'engrais la matière azotée, donner du superphosphate, de la potasse et de la chaux, c'est-à-dire de l'engrais minéral, et se contenter de l'azote contenu dans la racine.

Pour l'application pratique ces règles peuvent se traduire par le formulaire suivant :

Première année. — Culture de betteraves pour avoir des porte-graines.

On part d'une graine banale, de richesse ordinaire comme celles que l'on trouve partout, et on lui donne l'engrais homologue nº 1ᵖ sur lequel l'azote est réduit à 60 kilogr. par hectare.

FORMULE :

1º Engrais sous-jacent, avec 30 kilogr. d'azote :

	A L'HECTARE.	
Phosphate précipité (1)	80	kil.
Chlorure de potassium à 80 p. 100.. . . .	100	»
Sulfate d'ammoniaque.	150	»
Sulfate de chaux..	170	»
Total..	500	»

2º Engrais superficiel, avec 30 kilogr. d'azote :

Phosphate précipité	80	kil.
Chlorure de potassium à 80°.	100	»
Sulfate d'ammoniaque.	150	»
Nitrate de soude..	105	»
Sulfate de chaux..	170	»
Total	500	»

Deuxième année.— Culture des porte-graines pour avoir de la graine.

(1) Phosphate bi-calcique.

$$\text{Pho}^5 \begin{cases} \text{Ca o.} \\ \text{Ca o} + \text{eq.} \\ \text{Ho.} \end{cases}$$

On a choisi dans la récolte précédente, pour en faire des porte-graines, les racines réunissant tous les caractères énumérés plus haut.

Quantité d'engrais à employer : 1 000 kilogr. par hectare,
Contenant azote.   0

FORMULE :

	A L'HECTARE.
Superphosphate de chaux à 13 p. 100. .	400 kil.
Carbonate de potasse à 90°.	200 »
Sulfate de chaux..	400 »
Total	1.000 »

Troisième année. — Culture de betteraves pour l'industrie, c'est-à-dire pour le sucre.

On a semé les graines obtenues pendant la deuxième année.

Quantité d'engrais à employer : 1 400 kilogr. à l'hectare,
Contenant azote.   100

FORMULE :

1° Engrais sous-jacent, avec 37 kilogr. d'azote.

	A L'HECTARE.
Superphosphate de chaux à 13 p. 100. .	200 kil.
Chlorure de potassium à 80°.	100 »
Sulfate d'ammoniaque.	70 »
Nitrate de soude	150 »
Sulfate de chaux	80 »
Total.	600 »

2° Engrais superficiel, avec 63 kilogr. d'azote.

Superphosphate de chaux à 15 p. 100. .	200 kil.
Chlorure de potassium à 80°.	100 »
Sulfate d'ammoniaque.	100 »
Nitrate de soude..	280 »
Sulfate de chaux..	120 »
Total. . .	800 »

Ces prescriptions suivies rigoureusement, suffisent pour maintenir la richesse primitive des racines et même pour l'accroître. Mais ce résultat serait encore insuffisant pour répondre aux exigences actuelles; il faut en effet produire des betteraves de plus en plus riches, atteindre, puis dépasser 20 p. 100 de sucre.

Pour y parvenir, avec certitude, on devra mettre à part chaque année les racines d'une richesse tout à fait exceptionnelle, dosant de 20 à 25 p. 100 de sucre dont on fera une culture séparée et dont on suivra la filiation jusqu'à ce que la quantité de graines produite ait atteint une importance industrielle.

Chaque année, on fera une culture nouvelle avec des types exceptionnels nouveaux, culture qui restera indépendante de celles du même ordre qui l'auront précédée, en s'astreignant aux deux règles suivantes :

1° Donner aux racines porte-graines l'engrais incomplet n° 6ᵏ qui ne contient pas d'azote.

	A L'HECTARE.
Superphosphate de chaux.	400 kil.
Carbonate de potasse.	200 »
Sulfate de chaux.	400 »
Total	1,000 »

2° Et à la culture de la graine précédente destinée à fournir des racines porte-graines, l'engrais homologue n° 1ᴾ.

		A L'HECTARE.
Phosphate bi-calcique.		200 kil.
Chlorure de potassium à 80°.		200
Sulfate d'ammoniaque.		300 »
Sulfate de chaux.		300 »
Total.		1.000 »

que l'on divise en deux parts, l'une donnée aux couches sous-jacentes et l'autre répandue à la surface de la terre. En opérant ainsi, à partir de la troisième année, on dispose d'une graine qui a pour origine des racines d'une richesse exceptionnelle, qui relève la qualité de la graine industrielle comme le cheval de pur sang la moyenne de la production chevaline.

G. V.

(Voir le Tableau de la page 64).

Ce tableau résume ces effets. Il est entendu que j'appelle graine de régénérescence la graine obtenue avec les types exceptionnels.

1   **2**   **3**

1re ANNÉE. *Graine de régénérescence.*		
2e ANNÉE. *Porte-graines*.	1re ANNÉE. *Graine de régénérescence.*	
3e ANNÉE. *Graine industrielle*. . . .	2e ANNÉE. *Porte-graines*.	1re ANNÉE. *Graine de régénérescence.*
	3e ANNÉE. *Graine industrielle* . . .	2e ANNÉE. *Porte-graines.*
		3e ANNÉE. *Graine industrielle.*

La progression une fois commencée se continue sans interruption.

Paris. — Typ. Chamerot et Renouard, 19, rue des Saints-Pères — 77128.